S

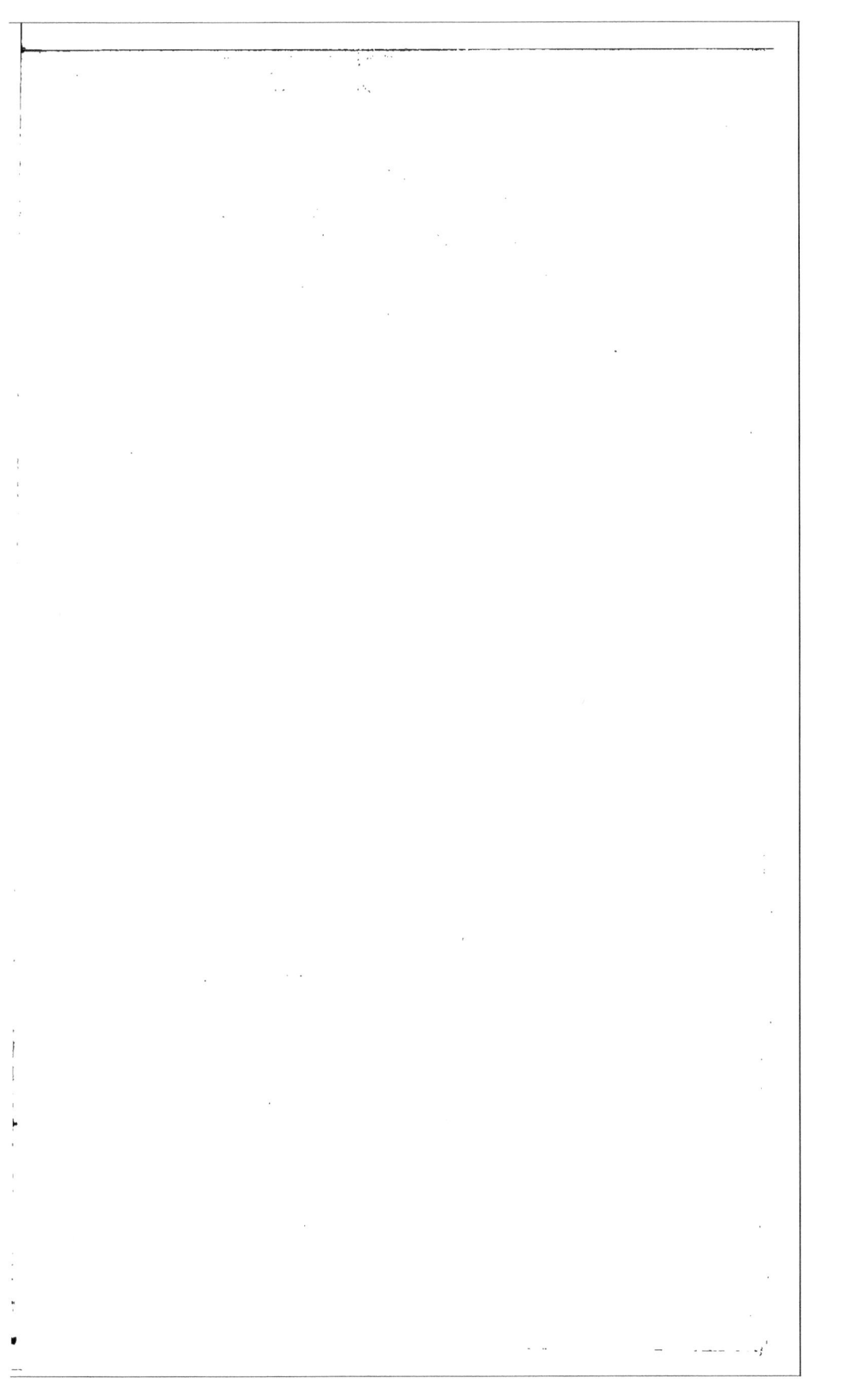

27303

MODÈLE

D'UN REGISTRE

A L'USAGE

DES CULTIVATEURS;

Par M. Henry GABIOU,

Cultivateur à la Plesse.

Ouvrage qui a remporté le prix décerné par la Société
d'Agriculture de Paris, dans sa séance publique du
25 avril 1813.

A PARIS,

DE L'IMPRIMERIE DE MADAME HUZARD
(née Vallat la Chapelle),
Rue de l'Éperon-Saint-André-des-Arts, n°. 7.

1813.

SE TROUVE A PARIS ,

Chez

Madame Huzard (née Vallat la Chapelle),
rue de l'Éperon , n°. 7.

Pierre Didot , rue du Pont-de-Lodi , n°. 6.

MODÈLE

D'UN REGISTRE

A L'USAGE

DES CULTIVATEURS (1).

La Société d'Agriculture du département de la Seine a proposé, dans sa séance publique de 1812, un prix qu'elle décerneroit, dans celle de 1813, au registre le mieux combiné et le plus propre à l'usage des cultivateurs (2).

Elle n'est entrée dans aucun détail, elle n'a assujetti à aucune donnée, ni imposé aucune condition (3).

---

(1) Voyez ci-après le rapport sur ce concours, page 64.

(2) Le registre dont on présente ici le modèle a remporté le prix. La Commission chargée de l'examen a désiré que l'auteur entrât dans quelques développemens qu'il avoit cru pouvoir négliger. Il a cherché à compléter son travail, et à répondre aux vues de la Société.

(3) L'auteur de ce projet de registre connoissoit seulement l'annonce faite du programme dans la séance publique

Mais il est facile de voir ce qu'elle désire.

En effet, un registre, comme ceux que les cultivateurs tiennent d'ordinaire en forme de main courante, et sur lequel ils écrivent tout

---

de 1812, mais point les détails du programme de ce prix qu'elle avoit proposé dès 1808. Voici quel étoit le programme :

« Depuis long-temps, des cultivateurs éclairés, habitués
» à se rendre compte de leurs opérations, et désirant
» connoître le résultat de leurs expériences, sous tous les
» rapports utiles, ont senti la nécessité de consigner sur
» des registres exacts tous les détails journaliers relatifs
» aux diverses branches de leur exploitation. Ils ont re-
» cueilli de ce travail l'avantage bien précieux d'avoir
» constamment sous les yeux un tableau complet de tout
» ce qu'ils avoient pu faire de bien ou de mal. Par la com-
» paraison de la recette avec la dépense, ils ont reconnu
» les objets le plus productifs et ceux qui l'étoient le
» moins ; et cette balance leur a donné l'avis salutaire
» d'abandonner les pratiques vicieuses, et de leur substi-
» tuer celles reconnues pour être les plus avantageuses.
» C'est ainsi qu'ils sont parvenus à découvrir la rotation
» de récoltes la mieux appropriée à leur position, consi-
» dérée sous le rapport composé de la nature du sol, de
» l'emploi du produit et de la facilité des débouchés; c'est
» encore par ce moyen simple et d'une si facile exécution,
» qu'ils ont su quels engrais étoient les plus puissans et
» les plus économiques sur telle ou telle nature de terre ;
» quelle profondeur de labour avoit le mieux réussi sur
» les différens sols ; quelles préparations étoient les plus

ce qu'ils reçoivent et tout ce qu'ils payent, mais
confusément et sans distinction des objets, avec
le seul ordre des dates, quand encore ils veulent bien s'y astreindre; un tel registre, dis-je,
ne pourroit pas remplir les vues de la Société.

Ce qu'elle demande, c'est un registre qui ne
fasse pas seulement connoître au cultivateur ce
qu'il a dépensé et reçu en bloc, et ce qui lui
reste au bout de l'année, mais ce qu'il a reçu
et dépensé pour chaque nature de produit; ce

» convenables aux semences, et dans quelle proportion les
» semences devoient être employées, selon les diverses
» circonstances; c'est là enfin qu'ils ont puisé les leçons
» si utiles de l'expérience, bien préférables à celles éta-
» blies sur les calculs toujours séduisans, et trop souvent
» trompeurs, de la simple théorie.

» La Société d'Agriculture, convaincue de l'utilité de
» la tenue de registres exacts qui, établissant d'une ma-
» nière claire et précise toutes les données qu'il est impor-
» tant de connoître pour obtenir des résultats certains et
» instructifs, présentent à l'observateur un aperçu satis-
» faisant de l'état passé et présent de l'exploitation, et
» mettent en évidence l'amélioration de la culture, invite
» les cultivateurs à lui communiquer le travail auquel ils
» se seront livrés sur cet important objet, pour lequel elle
» croit devoir proposer un prix de 600 francs. Elle ac-
» cueillera préférablement les registres qui, entrepris
» depuis un plus grand nombre d'années, offriront une
» série de faits plus concluans. »

que lui coûte et lui vaut de bénéfice chaque
mode de culture, chaque genre d'amélioration ; un registre qui lui fasse voir au premier
coup d'œil, ou avec un simple relevé d'articles, le bénéfice comparatif de chaque année
avec les années antérieures, qui soit combiné
de manière que les masses et les moindres détails se présentent, pour ainsi dire, d'eux-
mêmes au cultivateur, et qu'il conserve ainsi
les traces de toutes choses ; un registre où
toutes les parties se servent mutuellement de
contrôle, et montrent, à la première discordance, qu'il y a eu, de la part des agens de la
culture, négligence, gaspillage, ou infidélité ; ce
qu'il en résulte de perte pour le cultivateur,
et à qui il peut s'en prendre ; un registre aussi
qui soit pour lui un recueil de faits et d'observations, où il trouve dans l'expérience du
passé des leçons pour l'avenir.

Enfin, ce que la Société veut, c'est que ce
registre, fait de manière à contenir toutes ces
choses indispensables, soit pourtant tellement
simple, tellement facile à tenir, que l'homme le
moins versé dans la tenue des écritures le con-
çoive au premier quart d'heure, et que le pares-
seux trouve même qu'il favorise sa paresse par le
peu d'écritures auxquelles ce registre l'oblige.

Tel est celui que j'ai l'honneur de présenter à la Société, et dont il est nécessaire que je donne ici une briève explication.

C'est bien en définitif le bénéfice réalisé en argent que le cultivateur voit et doit voir. Cependant, comme il ne peut arriver au bénéfice ou produit en argent qu'au moyen du produit en nature, il suit de là la nécessité d'établir dans le registre le produit en nature avant le produit en argent.

En second lieu, il ne suffit pas au cultivateur d'être laborieux et habile à produire ; il faut encore qu'il ait de l'ordre et de l'économie : car le défaut de ces qualités ruineroit le cultivateur le plus habile. Il y a long-temps qu'on a dit que l'ÉCONOMIE EST UNE SECONDE PROVIDENCE ; or, *point d'économie sans ordre.*

Cet ordre, qui est indispensable, naîtra de l'établissement dans le registre de la recette et de la dépense en nature.

Ainsi le registre est divisé en deux parties :

La première contient : 1°. la recette en nature ; 2°. la dépense aussi en nature.

La seconde partie contient : 1°. la recette en argent ; 2°. la dépense en argent.

Dans la première partie, la recette et la dépense sont divisées en autant de chapitres qu'il y a d'objets de culture.

Le premier chapitre est celui du blé-froment.

Ce chapitre, comme celui des autres céréales qu'il n'est pas d'usage de vendre dans l'état où on les recueille, est divisé en deux sections :

La première a pour titre *Grange*. Le cultivateur écrit sous ce titre les gerbes qu'il fait entrer dans sa grange ou met en meule, à l'instant de la moisson, et qu'il a soin de faire compter aux champs et recompter de nouveau dans la grange ou à la meule, pour être sûr qu'il n'y a pas d'erreur.

La seconde section a pour titre *Chambre à blé*. A mesure des livraisons de grains que ses batteurs lui font à la chambre à blé, il écrit la date de la livraison, le nombre de gerbes battues et la quantité de mesures de grains que le nombre connu et déterminé de gerbes lui a produit.

Par ce moyen il sait toujours au juste ce qu'il a de gerbes battues et ce qu'il a de grains dans sa chambre à blé ; et il peut apercevoir ce qu'il doit espérer encore des gerbes à battre, de manière à faire tous ses calculs, toutes ses combinaisons pour sa vente ou pour sa réserve.

Il est inutile de développer les avantages (je devrois dire la nécessité) de cette partie du registre: ils se sentent d'eux-mêmes. Seulement je ferai remarquer que l'entrée dans la chambre à blé du grain provenant des gerbes battues fait la décharge de la grange, et est une sorte de dépense relativement à la recette faite par la grange.

Les autres chapitres de la recette en nature, ceux du seigle, de l'orge, de l'avoine, du sarrasin (si l'on cultive cette plante), sont tenus de la même manière que le chapitre du blé-froment.

A l'égard des chapitres concernant les prés naturels ou artificiels, et les plantes à sarcler, comme tous ces objets se vendent ou se consomment tels qu'ils se recueillent, ces chapitres n'ont qu'une seule section.

Quant à la dépense en nature, la seule inspection du registre fait voir comment cette dépense doit être établie. Il me suffit donc de dire ici que chaque chapitre est divisé en différentes colonnes : l'une, de l'emploi en semence ; une seconde, de la consommation (et celle-ci est sous-divisée en consommations particulières); et une troisième, de la vente ; et qu'il y a en outre deux autres colonnes, l'une pour la date, et l'autre pour les observations qu'on auroit à faire.

Je passe à la seconde partie du registre, celle de la recette et de la dépense en argent.

Ni l'une ni l'autre ne sont établies par chapitres; elles le sont par tableaux arrêtés à la fin
de chaque mois , afin que le cultivateur puisse
connoître à vue sa position toutes les fois qu'il
le voudra. Autant il y a pour lui de causes de
recette et de dépense , autant il y a de divisions
ou de colonnes dans les tableaux de chaque
mois. Le titre de chaque colonne montre suffisamment où doivent être faites les écritures.
On sent de reste que *le nombre de ces colonnes peut varier , et être augmenté ou di-
minué suivant le genre d'exploitation du
cultivateur.* Seulement il doit avoir bien soin
que chacun de ses chapitres de recette et de
dépense en nature trouve sa colonne correspondante dans la recette en argent. C'est le
seul moyen pour lui d'avoir un contrôle bien
exact et de reconnoître s'il a réalisé en argent
tous ses produits en nature. A l'aide donc de
ces tableaux et du titre indicatif de chaque
colonne , le cultivateur n'a que des chiffres et
quelques mots à écrire, à l'instant où il vient
de recevoir ou de payer. Son travail est aussi
simple , aussi facile et aussi court qu'il se
puisse. Il est impossible d'imaginer des écritures plus expéditives. Que s'il veut (et ce seroit bien le mieux) que son registre soit paré

à l'œil, et tenu proprement, il aura une main courante sur laquelle il fera d'abord confusément et à chaque occasion toutes ses écritures, pour les reporter ensuite sur son registre dans l'ordre convenable : mais qu'il se persuade bien que cette main courante ne peut jamais remplacer le registre.

Où les écritures sont, je ne dis pas plus difficiles, mais plus longues à faire, c'est dans les différens chapitres de la recette en nature; mais elles ne le sont que parce que le registre est monté de manière à conserver la trace de toutes les opérations, de tous les accidens heureux ou malheureux, de toutes les circonstances et de tous les phénomènes qui auroient influé sur les récoltes, de manière aussi à faire connoître, au bout de cinq, dix, vingt ans, les différens emplois qu'auroit eus chaque année chaque pièce de terre de la ferme : car si le fermier, indifférent sur toutes ces choses, vouloit se borner à savoir que dans une pièce de 5o arpens, par exemple, il a récolté, je suppose, dix mille gerbes, son travail se borneroit à écrire cette quantité.

Il est probable cependant que les cultivateurs sentiront l'avantage d'avoir, au moyen de leurs écritures, une série de faits et d'expériences

2 *

qu'ils puissent consulter en tout temps, et faire
servir à l'avancement de l'agriculture et à leurs
propres intérêts : c'est un des objets que l'on
doit se proposer dans la tenue des écritures
d'une exploitation rurale. Je le redis, au risque
de me répéter, aucun registre de cultivateur
n'atteindra parfaitement le but proposé, s'il
n'est propre, 1°. à contrôler tous les produits
en nature ; 2°. à constater tous les produits en
argent ; 3°. et à conserver la série de tous les faits
essentiels qui se seront passés pendant la durée
de l'exploitation.

J'ai placé en tête du registre un tableau indicatif des pièces de terre qui composent la
ferme ; il servira à rappeler au cultivateur,
toutes les fois qu'il en aura besoin, la désigna-
tion de chacun de ses champs, sa contenance, la
nature de la terre, l'emploi du champ dans l'année précédente ; enfin, les observations que le
cultivateur aura faites ou croira devoir faire.

Bien convaincu que le mérite essentiel d'un
registre à l'usage des cultivateurs doit être une
extrême simplicité, j'ai rejeté l'idée que j'avois
eue un instant de la tenue de livres en parties
doubles, parce que ces écritures n'auroient été
à la portée peut-être d'aucun cultivateur, ou
que, du moins, un très-petit nombre les eût com-

prises et eût été en état de les tenir. Le système des écritures en parties doubles est excellent en banque, en finance, dans une grande administration, où toutes les valeurs sont homogènes, où toutes les parties se présentent et s'expriment en argent; mais je le crois inadmissible dans une exploitation rurale, par la raison que la comptabilité ne doit pas s'y exercer seulement sur une valeur représentative comme l'argent, mais sur un grand nombre de valeurs réelles, et toutes dissemblables entre elles, et que l'homme le plus habile auroit besoin, pour avoir toujours ses écritures au courant, de faire à chaque instant des suppositions qui seroient ensuite démenties par les faits, ou, s'il ne vouloit pas s'exposer à des erreurs continuelles, il seroit obligé de remettre à la fin de l'année rurale la mise en règle de ses écritures, ce qui détruiroit tout l'avantage de la tenue des livres en parties doubles, avantage qui, comme on sait, est de tenir le comptable à jour sur l'ensemble de ses opérations, et sur chacune des parties dont elles se composent.

Il y a souvent des écritures très-difficiles à passer en parties doubles, et j'ai vu de fort bons teneurs de livres avouer qu'ils avoient quelquefois à réfléchir long-temps avant de faire telles ou telles écritures. Où en seroit un cultivateur, si, quand il a besoin d'agir, et que ses soins sont réclamés de toutes parts, il falloit qu'il s'enfonçât dans des réflexions abstraites avant de se déterminer à rien écrire sur ses livres? Le travail de ses écritures doit se faire par lui promptement et facilement. Il doit être en quelque sorte matériel, je veux dire dégagé de toutes combinaisons d'esprit, et ne rappeler que des faits positifs de recette et de payement, d'entrée et de sortie. S'il en est autrement, les écritures seront différées, finiront par être omises, et les traces des choses disparoîtront. Le registre du cultivateur ne doit être qu'une matrice générale de tous les comptes qu'il voudra faire sous tous les différens rapports possibles. C'est quand il en sera là que, suivant son degré d'intelligence, il dépouillera ses livres à tête reposée pour, à l'aide de tous les renseignemens qu'il y puisera, faire toutes les évaluations, et les combinaisons qu'il voudra.

Par le même principe de la simplicité des écritures, je n'ai fait aucune distinction de dépenses ordinaires et extraordinaires; quand le cultivateur aura été dans le cas d'en faire, il les distinguera et les relevera facilement sur son livre à la fin de l'année; mais cette distinction, établie dans le corps de son registre, eût dérangé toute l'économie du plan, et mis de la perplexité dans l'esprit du cultivateur, s'il eût fallu qu'il la fît à l'instant même des écritures.

On remarquera aussi que, dans le chapitre unique de la deuxième partie, laquelle est la dépense en argent divisée en autant de tableaux qu'il y a de mois, je n'ai porté dans la colonne de la nourriture des chevaux et bestiaux que les sommes qui seroient réellement dépensées en argent par le cultivateur, et non pas celles que lui représenteroient les fourrages ou grains consommés en nature chez lui par ses chevaux ou ses bestiaux. A la fin de l'année, quand il fera son compte général sur le relevé de son registre, il ajoutera à sa dépense réelle en argent les sommes qu'il auroit retirées des grains et fourrages qu'il aura fait consommer dans ses écuries ou dans ses étables; et par contre il aura alors à porter en recette le prix des mêmes objets comme se les étant vendus à lui-même. Un exemple éclaircira ceci. Un cultiva-teur n'a pas récolté suffisamment de fourrages et d'avoine pour la nourriture de ses chevaux, et il a eu à acheter quatre cents de luzerne, qui lui ont coûté, à 40 francs le cent, la somme de 160 francs; plus 10 setiers d'avoine qu'il a

payés 270 francs, à raison de 27 francs le setier.
Il trouve ces deux sommes, faisant ensemble
430 francs, dans la colonne de la nourriture
des chevaux, au mois où il a fait ces dépenses.
Il peut vouloir se contenter de savoir qu'il a
dépensé en argent, pour la nourriture de ses
chevaux, 430 francs, et c'est ce que feront vrai-
semblablement la plupart des cultivateurs; mais
il y en a de plus exacts et de plus attentifs que
d'autres, qui veulent se rendre compte de tout.
Celui que je suppose est de ce nombre, et désire connoître au juste ce que ses chevaux
lui coûtent à nourrir : il va relever le quatrième chapitre de la dépense en nature, qui
est intitulé *avoine*, et il reconnoît que ses chevaux lui ont consommé 115 setiers. Il les évalue
au prix que valoit le setier d'avoine à l'époque
de la livraison qu'il a faite au coffre à l'avoine
de ces 115 setiers; et comme le prix de l'avoine
s'est toujours soutenu à 27 francs, il voit que ses
chevaux lui ont consommé pour 3105 francs d'a-
voine récoltée par lui, et 270 francs d'avoine,
achetée; en tout pour 3,375 francs. Il fait les
mêmes calculs pour la luzerne ou le foin qu'ils
ont consommés, et connoît bientôt au vrai ce
que tous ses chevaux lui coûtent à nourrir.

On sent par cet exemple dans quel esprit est

monté le registre. Ce ne sont point tous les comptes et les calculs que l'on peut faire que j'ai voulu établir (car le nombre en est infini), mais le moyen de parvenir à tous les différens comptes que chacun désirera suivant sa manière d'envisager sa chose, et à tous les renseignemens, tous les éclaircissemens, tous les détails qu'il voudra avoir pour lui ou pour d'autres au sujet de son exploitation.

C'est dans cet esprit que, pour le plan de mon registre, j'ai fait abstraction de tout assolement et de tout mode de culture adoptés, non pas que je croie que le choix en soit indifférent : mais mon registre n'a à faire la critique d'aucun système ; il doit se prêter à tous. Le cultivateur qui le tiendra avec soin, ne tardera pas à reconnoître s'il cultive bien ou mal, s'il tire de sa chose tout le parti possible, et ce qu'il en tire, quelles améliorations il peut faire, quels changemens il doit apporter dans son exploitation.

J'ai omis des parties de culture en usage dans quelques pays, comme le lin, le chanvre, la garance, le colza, le pavot ou œillette, la vigne, etc. ; mais on sent que le cultivateur, qui auroit l'usage de l'une ou de plusieurs de ces cultures, pourroit également se servir du registre : il lui suffiroit d'intercaler une feuille,

d'ouvrir un chapitre pour chacune de ces cultures, dans la première partie du registre qui est la recette en nature, et d'avoir le chapitre correspondant dans la dépense en nature. Tout cela ne changeroit rien au plan du registre; ce n'est que l'ensemble du plan qu'il faut voir, c'est à lui à remplir le problème, et il le fera s'il se prête à tous les cas, toutes les circonstances, tous les systèmes, tous les genres de culture.

Prévoyant le cas dont j'ai parlé plus haut, où le cultivateur seroit obligé d'acheter des grains, des fourrages, etc., etc., je n'ai pas voulu qu'ils fussent confondus avec ceux qu'il auroit récoltés; je les ai donc portés, et dans la première partie, celle de la recette en nature, et dans la deuxième partie, celle de la dépense en nature, en autant de chapitres particuliers qu'il y auroit de divers objets d'achat : ce sont autant de chapitres supplémentaires.

Il est superflu, je pense, d'expliquer que ce registre n'est monté que pour une année; je crois qu'il seroit bon de le faire partir du 1er. juillet (1), parce que c'est à cette époque que commencent

_____

(1) Un cultivateur entrant dans une ferme devroit le commencer lors de son entrée, et le faire aller jusqu'à pareille époque de l'année suivante, pour le recommencer tous les ans à la même époque.

les récoltes de tout genre. Au surplus, chacun peut adopter l'époque qui lui convient.

Je joins au présent registre le modèle d'une feuille que j'appelle feuille des ouvriers, et qui est propre à établir le compte de chacun d'eux en constatant le nombre de leurs journées de travail, de manière à éviter toute erreur. Cette feuille est établie pour un mois; elle est divisée en plusieurs colonnes : la première, celle à gauche, contient le nom de chaque ouvrier; la seconde est sous-divisée en un nombre de cases égal au nombre des jours du mois. En tête de chacune de ces cases est la date du mois, et au-dessous le jour de la semaine. Cette colonne est destinée à marquer sur la ligne correspondante au nom de l'ouvrier le jour où il travaille ; ce qui se fait en sa présence à la fin de la journée, à l'appel, en écrivant 1 pour marquer une journée, ou écrivant $\frac{1}{2}$ pour marquer la demi-journée, s'il n'a travaillé que ce temps ; et enfin en faisant un o si l'ouvrier n'a pas travaillé, pour montrer qu'il n'y a pas d'oubli de la part de celui qui tient la feuille. La troisième colonne sert à récapituler à la fin du mois le total des journées faites pendant tout le mois; la quatrième, à constater le prix de la journée; la cinquième, à établir le compte

de ce qui est dû à l'ouvrier; la sixième, les
à-comptes qu'il a reçus et qu'on a soin d'écrire
au moment où on les lui donne; enfin la dernière colonne constate les payemens faits aux
ouvriers : c'est une sorte d'émargement qui
peut équivaloir à quittance en justice, pour
celui dont les écritures sont toujours régulières
et exactes. On a laissé dans la feuille, après la
dernière colonne, une marge pour les observations qu'on auroit à faire.

Je me sers depuis long-temps de cette feuille,
et je m'en trouve bien; elle est très-propre à
rectifier les erreurs où tomberoit un ouvrier
sur le nombre de ses journées; parce qu'elle lui
rappelle tous les jours du mois et de la semaine
où il a travaillé ou bien manqué au travail. Je
n'ai pas vu d'ouvrier qui ne fût satisfait de
cette feuille, et qui fît difficulté de s'y rendre
quand sa mémoire lui avoit fait établir son
compte autrement que la feuille.

Au reste, cette feuille ne fait point partie du
registre; elle en est au contraire détachée, et
uniquement destinée, comme je l'ai dit, à établir
le compte de chaque ouvrier, compte dont le
résultat a seul besoin d'être porté au registre.

TABLEAU INDICATIF

Des pièces de terre composant la Ferme d

Numéro d'ordre.	NOM de la pièce de terre.	Etendue en mesure		NATURE de la TERRE.	Ensemencement dans l'année dernière 18....	Observations.
		Ancienne.	Nouvelle.			
		arp.	hec.			
1	Lamarre longue.	60		Fonds argileux mêlé de sable et de craie ; bonne terre à froment.	En blé froment.	Marnée en 1809.
2	les petits Trous.	36		Terre froide où l'argile domine.	En trèfle.	Cette terre a besoin d'être marnée. Semer sur billons étroits et bien adossés
3	le Chêne vert.	4		Terre sablonneuse et légère, bonne pour le seigle.	En luzerne.	Semée en 1810.

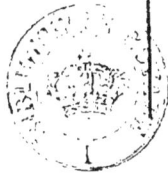

PREMIÈRE PARTIE.

RECETTE EN NATURE.

CHAPITRE PREMIER.

Blé froment.

PREMIÈRE SECTION.

1°. *Entrée des gerbes dans la grange.*

Les   août, par un beau temps, récolté dans la pièce dite   contenant 100 arpens, 23,102 gerbes. Cette pièce a eu   façons; elle a été fumée, la partie d'en haut, avec du fumier de vaches, la partie d'en bas, avec du fumier de moutons; elle a été ensemencée les   octobre par un temps sec et couvert. Il y a été employé   mesures de grains, ce qui fait   par arpent. Le blé bien chaulé, il a été donné seulement   dents de herse; les pluies survenues ont empêché d'en donner davantage. L'hiver a commencé de bonne heure et fini très-tard. Les blés étoient mal levés quand le froid a pris. Le printemps a été sec. L'année dernière, cette pièce étoit en frésis, etc., etc., etc.

> *Nota.* On voit par cet exemple dans quel esprit doivent être faites les écritures.
> On réservera au registre suffisamment de place pour les détails.

DEUXIÈME SECTION.

2°. Entrée du produit des gerbes dans la chambre à blé.

DATES des livraisons.	NOMBRE des Gerbes.	PRODUIT des Gerbes.	Observations.
		hectolitre	
3 octob.	210 »	9	
17 dudit.	95 »	4	
29 dudit.	304 »	12	

CHAPITRE DEUXIÈME.

Seigle.

PREMIÈRE SECTION.

1º. *Entrée des gerbes dans la grange.*

(*Voir à l'article du Froment, dans quel esprit les écritures doivent être faites.*)

DEUXIÈME SECTION.

2°. *Entrée du battage du seigle dans la chambre à blé.*

DATES des livraisons.	NOMBRE des Gerbes.	PRODUIT des Gerbes.	Observations.

(*Voir à l'article du froment, comment on doit passer les écritures.*)

5

CHAPITRE TROISIÈME.

Orge.

PREMIÈRE SECTION.

1°. *Entrée des gerbes dans la grange.*

DEUXIÈME SECTION.

2°. *Entrée du produit du battage de l'orge dans la chambre aux grains.*

DATES des livraisons.	NOMBRE des Gerbes.	PRODUIT des Gerbes.	OBSERVATIONS.

5 *

CHAPITRE QUATRIÈME.

Avoine.

PREMIÈRE SECTION.

1°. *Entrée des gerbes dans la grange.*

DEUXIÈME SECTION.

2°. *Entrée du produit du battage de l'avoine dans la chambre aux grains.*

DATES des livraisons.	NOMBRE des Gerbes.	PRODUIT des Gerbes.	OBSERVATIONS.

CHAPITRE CINQUIÈME.

Luzerne.

Dans la pièce des 30 arpens, j'ai récolté à la première coupe 9513 bottes. Cette luzerne est âgée de   ans. Elle avoit été plâtrée l'année dernière (voir le registre de 181   ). Elle a été hersée avant l'hiver et au printemps, et roulée après le second hersage. Elle a souffert des gelées du printemps, mais la fenaison s'est faite par un beau temps. La fauche a été payée sur le pied de   l'arpent, sans (ou avec) boisson ; et le bottelage à raison de   le cent, ci   9513

Cette première coupe a été rentrée les   juillet.

La même pièce a rendu à la seconde coupe 4203 bottes. Fenaison faite par la pluie. Le regain a mal séché. Il a été jeté bas les   septembre même prix que dessus pour la fauche et le bottelage, ci. 4203

Ladite pièce a produit à la troisième coupe 1895 bottes, etc. etc. etc. ci. . . 1895

Récapitulation.

Première coupe. 9513

Regain. { Deuxième — . . 4203 } 6098
{ Troisième — . . 1895 }

TOTAL. . . . 15611

CHAPITRE SIXIÈME.

Trèfle.

(Voir à l'article Luzerne, comment doivent se faire les écritures.)

CHAPITRE SEPTIÈME.

Prés naturels.

(Voir ci-devant, comment les écritures doivent se faire.)

(33)

CHAPITRE HUITIÈME.

Vesce.

(Voir ci-devant.)

CHAPITRE NEUVIEME.

Pommes de terre.

Dans une pièce dite la   de 8 arpens , j'ai récolté
les   septembre par un beau temps et à l'outil , 540 setiers de pommes de terre de (telle espèce). Elles avoient été
faites les   mai à la charrue sur fumier mis ample-
ment dans la pièce de terre , qui , l'année dernière , étoit en
blé froment. Il a été employé   pour la semence
setiers. Elles ont été binées deux fois et rechaussées à la
seconde. La houe à cheval a servi à faire ces binages. Il a
été employé à les récolter   journées d'ouvriers à raison
de   par jour , ci 540 setiers.

CHAPITRE DIXIÈME.

Topinambours.

(Voir l'article Pommes de terre.)

CHAPITRE ONZIEME.

Turneps.

(Voir ci-devant.)

CHAPITRE DOUZIÈME.

Pastel.

(Voir ci-devant.)

CHAPITRE TREIZIÈME.

Féveroles.

(Voir ci-devant.)

CHAPITRES SUPPLÉMENTAIRES,

A cause des divers objets qui ont été achetés.

CHAPITRE PREMIER.

Avoine achetée.

N'ayant pas suffisamment récolté d'avoine pour la consommation de mes chevaux et bestiaux, je me trouverai obligé
d'en acheter.

(L'objet de la présente feuille est de faire connaître ces achats.)

DATE des achats.	NOMS des vendeurs.	QUANTITÉ achetées.	PRIX d'achat.	PRIX TOTAL.	Observations.
		hectol.			
12 oct.	Hérat. .	6	20 ,,	120 ,,	Payé comptant, livré à la chambre ledit j.
17 déc.	Arnould.	7 ½	20 ,,	150 ,,	*Idem.* *Idem.*

CHAPITRE DEUXIÈME.

Luzerne achetée.

N'ayant pas suffisamment récolté de luzerne , je me trouverai obligé d'en acheter.

(L'objet de la présente feuille est de faire connoître ces achats.)

DATE des achats.	NOMS des vendeurs.	QUANTITÉS achetées.	PRIX d'achat.	PRIX TOTAL.	Observations.
10 mai.	Cordier.	500	40 ,,	200 ,,	Première coupe , payé comptant.
15 juin.	Rondet.	200	36 ,,	72 ,,	*Idem.*

PREMIÈRE PARTIE.

DÉPENSE EN NATURE.

CHAPITRE PREMIER.

Blé-Froment.

DATES.	EMPLOYÉ en semence.	CONSOMMÉ.	VENDU.	Observations.
20 oct.	3o set.	,,		
6 nov.		12 set.		Envoyé au moulin
9 nov.			20 set.	Vendu à 4o fr. le setier.

4

CHAPITRE DEUXIÈME.

Seigle.

DATES.	EMPLOYÉ en semence.	CONSOMMÉ.	VENDU.	Observations.

(Voir l'article blé-froment pour les écritures.)

CHAPITRE TROISIÈME.

Orge.

DATES.	EMPLOYÉ en semence.	CONSOMMÉ.	VENDU.	Observations.

(Voir ci-devant.)

4

CHAPITRE QUATRIÈME.

Avoine.

DATES.	EMPLOYE en semence.	CONSOMMÉ par			VENDU.	Observations.
		les Chevaux.	le Troupeau.	la Volaille.		
25 sept.		12 set.				
3 nov.		30 ,,				
6 janv.		21 ,,				
7 fév.		45 ,,				
8 juin.		7 ,,				

CHAPITRE SUPPLÉMENTAIRE.

Avoine achetée.

DATES	EMPLOYÉ en semence.	CONSOMMÉ par			VENDU.	*Observations.*
		les Chevaux.	le Troupeau.	la Volaille.		

(Voir l'article avoine pour les écritures.)

CHAPITRE CINQUIÈME.

Luzerne.

DATES.	CONSOMMÉ par			VENDU.		Observations.
	les Chevaux.	le Troupeau.	les Vaches.			
6 oct.	100 set.					Livré pour les chevaux ledit jour, pour aller jusqu'à (tel jour.)
15		3o set.				
25			20 set.			

CHAPITRE SUPPLÉMENTAIRE.

Luzerne achetée.

DATES.	CONSOMMÉ par			VENDU.		Observations.
	les Chevaux.	le Troupeau.	les Vaches.			

(Voir l'article luzerne pour les écritures.)

CHAPITRE SIXIÈME.

Trèfle.

DATES.	CONSOMMÉ par			VENDU.		Observations.
	les Chevaux.	le Troupeau	les Vaches.			

(Voir ci-devant.)

CHAPITRE SEPTIEME.

Prés naturels.

DATES.	CONSOMMÉ par			VENDU.		Observations.
	les Chevaux.	le Troupeau	les Vaches.			

(Voir ci-devant.)

CHAPITRE HUITIÈME.

Vesce.

DATES.	CONSOMMÉ par			VENDU.	EMPLOYÉ en semence.	Observations.
	les Chevaux.	le Troupeau	les Vaches.			

(Voir ci-devant.)

CHAPITRE NEUVIÈME.

Pommes de terre.

DATES.	CONSOMMÉ par		VENDU.	EMPLOYÉ en semence.	Observations.
	la Maison.	le Troupeau			
4 nov.	8 set.				Mis en réserve pour la maison.
15		200			Mis en réserve pour le troupeau.
23		—	108		Moyennant 648 fr.
4 mai.				15	Pour ensemencer arp.
TOTAL					

CHAPITRE DIXIÈME.

Topinambours.

DATES.	CONSOMMÉ par		VENDU.	EMPLOYÉ en semence.	Observations.
	la Maison.	le Troupeau			

(Voir l'article pommes de terre pour les écritures.)

CHAPITRE ONZIÈME.

Turneps.

DATES.	CONSOMMÉ par		VENDU.	EMPLOYÉ en semence.	Observations.
	la Maison.	le Troupeau			

(Voir ci-devant.)

CHAPITRE DOUZIÈME.

Pastel.

DATES.	CONSOMMÉ sur place par le troupeau.	VENDU.	EMPLOYÉ en semence.	Observations.
Depuis jusqu'au				A servi á la nourriture du troupeau pendant jours.
4 janv.		ɪ hect. de grain.		
28 mars			3 décal.	

CHAPITRE TREIZIÈME.

Féverolles.

DATES.	CONSOMMÉ par les chevaux.	VENDU.	EMPLOYÉ en semence.	Observations.

(Voir ci-devant.)

CHAPITRES PARTICULIERS

A cause des troupeaux et de la basse-cour.

CHAPITRE PREMIER.

Troupeau de Moutons.

En 18   j'ai acheté mon troupeau de bêtes à laine fine, purs Mérinos.

Le 1er. juillet de la présente année 18   , il me restoit, d'après les ventes que j'ai faites et les pertes que j'ai éprouvées (voir mes livres des années précédentes), la quantité de 106 brebis portières et 4 beliers pour la monte. J'ai constaté ledit jour cette quantité, et ai mis mes brebis à la lutte.

L'état ci-après est destiné à faire connoître les mouvemens arrivés dans mon troupeau.

NUMÉRO des Individus.	SEXE.	AGE.	PRODUIT en		JOUR des naissances.	Jour des décès des		Observations.
			Mâles.	Femelles.		Mères.	Agneaux.	
1	Brebis.	3 ans.	1	,,	2 déc.	5 févr.	,,	La mère a été écrasée. L'agneau a été allaité par le N°. 93, qui avoit perdu son agneau.
2	Id.	4 —	,,	1	3 —	,,	,,	
3	Id.	Antenoise.	,,	1	7 —	,,	,,	
4	Id.	3 ans.	1	,,	19 nov.	,,	7 mars	Morte du tournis.
5	Id.	,,	,,	,,	,,	,,	,,	Stérile.
6	Id.	5 —	,,	,,	,,	,,	,,	Avortée.
101	Belier.	3 —	,,	,,	.,)	,,	,,	
102 etc.	Id.	4 —	,,	,,	,,	,,	,,	
Totaux.	· · · ·	· · · ·	2	2	4	1	,,	

Nota. Le total des jours des naissances et des décès, se fait en considérant comme unité chaque date des jours de naissance et de décès.

RÉCAPITULATION.

Etat du troupeau le 1er. avril 18

On suppose que le cultivateur n'a pu faire le relevé de l'état de son troupeau que le 1er. avril. Voici comment il a dû le faire, et comme il le fera chaque mois.

Le 1er. juillet 18   j'avois la quantité de moutons ci-après ; savoir :

1°. En brebis.	106
J'en ai perdu.	6
Reste.	100

2°. En beliers.	4	4
Perte.	»	
TOTAL..		104

J'ai eu, 1°. en agneaux femelles. . 43
J'en ai perdu. 8

Reste. 35
2°. En agneaux mâles. . . 47
J'en ai perdu. . . . 7

Reste. . . 40   40

TOTAL des agneaux. . . 75   75

Ce qui porte le nombre des individus composant mon troupeau, cejourd'hui 1er. avril 18   à   179
Au 1er. juillet de l'année dernière, ce nombre étoit de. 110

bêtes,
Partant mon troupeau s'est accrû de. . . . 69

Nota. Il conviendroit de faire tous les mois le relevé de l'état de son troupeau.

5

Etat du troupeau le 1ᶜʳ. *mai* 18

(Voir l'état du mois d'avril pour les mois suivans.)

Résultat par rapport au troupeau.

Le 20 juin, j'ai fait tondre mon troupeau, au prix de trois sous chaque bête, l'une dans l'autre, les tondeurs nourris, en outre, à la maison.

La tonte des beliers m'a produit . . . . . 22 kil.

Ce qui fait 5 kilog. $\frac{1}{2}$ par chaque belier.

La tonte des brebis m'a produit. 371
Ce qui fait 3 kilog. $\frac{1}{2}$ par chaque brebis.
_____

TOTAL des laines. 393

Les 75 agneaux ont donné 56 kilog. $\frac{1}{4}$
d'agnelin. . . . . 112 $\frac{1}{4}$

Ce qui fait, à un quart près, $\frac{1}{2}$ kilog.
par chaque agneau.

J'ai vendu ma laine 5 fr. le kilog. en suint, l'agnelin pris pour moitié.

Ce qui m'a donné pour la laine, la somme
de. 1965

Et pour l'agnelin, celle de. . . 140
_____

TOTAL en argent du produit de mon
troupeau en laine.. . . . 2105

J'ai de plus vendu 25 agneaux mâles
à   , ce qui m'a produit la somme
de. . . . .

15 agneaux femelles, à
ce qui fait. . . . . . .
_____

TOTAL du prix de la vente des moutons.
_____

Récapitulation du produit général.

En laines 2105

En moutons. . . . .
_____

TOTAL. . . . . .
_____

Nota. Ce produit est porté à sa place dans ma recette des mois où elle a été faite.

5 *

CHAPITRE DEUXIEME.

Troupeau de Vaches.

Le 1ᵉʳ. juillet 18   mon troupeau de bêtes à cornes étoit composé de 12 vaches et un taureau ; savoir :

La Moisie , âgée de.   .   .   **3 ans.**

La blanche, — de.   .   .   **4**

La velue ,   — de.   .   .   **4**

Le taureau avoit alors 5 ans.

La velue m'a donné le   octobre 18   un veau mâle.

La négrette m'a donné le   novembre 18   une génisse.

Les autres vaches sont pleines aujourd'hui 1ᵉʳ. janvier 18

J'ai vendu les 2 veaux à 6 semaines. Le prix en est porté en recette dans les mois où les ventes ont été faites.

PRODUIT DE LA VACHERIE.

État de la fabrication du beurre et des fromages.

Mois de juillet.

DATES.	FROMAG.	BEURRE.	Observations.
		livres.	
3	4	8	
7	5	6	
etc.			
TOTAL.	9	14	

De même pour les mois suivans.

Etat de l'emploi du beurre et des fromages.

Mois de juillet 18

DATES.	Fromages		Beurre		Prix de vente		Sommes provenant des ventes.		Observations.
	Vendus.	Consommés	Vendu.	Consommé.	des fromages.	de la livre de beurre.	des fromages.	du beurre.	
			liv.	liv.	fr. c.	fr. c.	fr. c.	fr. c.	
5 etc.	3	1	5	2	1 50	,, 90	4 50	4 50	Il a été consommé en juillet la quantité de fromages et celle de livres de beurre. Ces sommes provenant du prix de vente, sont portées à la recette en argent de juillet 18
Total.	3	1	5	2	1 50	,, 90	4 50	4 50	

De même pour les mois suivans.

CHAPITRE TROISIÈME.

Basse-Cour.

Le 1er. juillet 18   j'ai compté les volailles de la basse-cour. J'avois 310 poules, 17 coqs, 60 canards mâles et femelles, et 120 poulets de différentes grosseurs. 10 tant dindes que poules couvoient des œufs de poules et de canard. Il ne me réussit pas de faire couver des œufs de dinde.

État des ventes et recettes provenant du produit de la basse-cour.

Mois de juillet 18

DATES.	CAUSES DES VENTES.	PRIX des Œufs.	Poules.	Chapons.	Canards.	Dindons.	Poulets.	PRIX TOTAL.	Observations.
10	Vendu à Pierre, 60 œufs, 2 chapons, 1 canard, 3 dindons, 4 poulets et une vieille poule.	3	1	5	1 50	7	3	20 50	
11	Vendu à Jacques, 1 canard.. . .				1 50			1 50	
	— à Philippe, 1 dindon. . . .					2		2 ,,	
	— à Marie, 50 œufs.	2 50						2 50	
	— à Jeanne, 1 poulet.. . . .						1	1 ,,	
	Etc., etc.								
	TOTAUX des ventes faites en juill.	5 50	1	5	3 ,,	9	4	27 50	

DEUXIÈME

RECETTE EN

CHAPITRE

DATES.	CAUSES DES RECETTES.	Froment.	Orge.	Avoine.	Pommes de terre.
		f. c.	f. c.	f. c.	
9 nov.	Vendu au marché de 20 setiers de froment à 40 francs. . . .	800			
dudit.	———— 15 setiers d'orge à 20 francs.		300		
dudit.	———— 15 setiers d'avoine à 30 francs.			450	
	TOTAUX. . . . . ?	800	300	450	

Nota. Il faudra autant de tableaux qu'il y aura de mois. On a négligé de les faire dans le présent modèle.

Les tableaux doivent être terminés et les sommes arrêtées à la fin de chaque mois.

PARTIE.

ARGENT.

UNIQUE.

Topinambours.	Foin.	Luzerne.	Trèfle.	Objets divers.	RÉCAPITULATION générale.	Observations.
f. c.	f. c.				f. c.	
					800 ,,	
					300 .,	
					450 ,,	
					1550 ,,	

DEUXIÈME
DÉPENSE EN

Mois de juillet.

CHAPITRE

DATES.	CAUSES DES DÉPENSES.	Impositions.	Table.	Gages des domestiques.	Travaux à la tâche.
		f. c.	f. c.	f. c.	f. c.
6 juill.	Payé au receveur des contributions, pour, etc.	300	,,	,,	,,
11 —	— à charretier à-compte sur ses gages. .	,,	,,	80	,,
12 —	— pour 20 journées de travail à Pierre. . . .	,,	,,	,,	,,
23 —	— à pour avoir épandu du fumier sur 10 arpens (prix convenu).	,,	,,	,,	10
24 —	— au Boucher, pour le montant de son mémoire depuis le jusqu'au	,,	27	,,	,,
25 —	— au Maçon, pour le montant de son mémoire	,,	,,	,,	,,
27 —	Acheté d'occasion une Guimbarde.	,,	,,	,,	,,
29 —	— un Cheval entier, âgé de ans poil	,,	,,	,,	,,
30 —	— 400 bottes de luzerne à 40 fr. le 100. . . .	,,	,,	,,	,,
31 —	— 10 setiers d'avoine à 27 francs..	,,	,,	,,	,,
	TOTAUX.	300	27	80	10

Pareille observation qu'au tableau précédent.

PARTIE.
ARGENT.

UNIQUE.

Journées des ouvriers.	Travaux aux bâtimens.	Achats ou entretien des voitures et instrum. aratoires.	Achats des chevaux et bestiaux.	Ferrage et harnachement des chevaux.	Nourriture des chevaux et bestiaux.	Frais de maladie des chevaux et bestiaux.	Dépenses diverses et accidentelles.	RÉCAPITULATION générale.	Observations.
f. c.	f. c.	f. c.	f. c.	f. c.	f. c.	f. c.	f. c	f. c.	
,,	,,	,,	,,	,,	,,	,,	,,	300	
,,	,,	,,	,,	,,	,,	,,	,,	80	
30	,,	,,	,,	,,	,,	,,	,,	30	
,,	,,	,,	,,	,,	,,	,,	,,	10	
,,	,,	,,	,,	,,	,,	,,	,,	27	
,,	110	,,	,,	,,	,,	,,	,,	110	
,,	,,	150	,,	,,	,,	,,	,,	150	
,,	,,	,,	750	,,	,,	,,	,,	750	
,,	,,	,,	,,	,,	160	,,	,,	160	
,,	,,	,,	,,	,,	270	,,	,,	270	
30	110	150	750	,,	430	,,	,,	1987	

Mois d'août 18

(Voir le tableau de l'autre part.)

FEUILLE DES OUVRIERS.

NOMS des OUVRIERS.	JOURS DU MOIS ET DE LA SEMAINE.																															TOTAL des Journées.	PRIX de la Journée.	TOTAL de ce qui est dû.	A compte payé.	SOLDE.	OBSERVATIONS.
	1	2	3	4	5	6	7	8	9	10	11	12	13	14	15	16	17	18	19	20	21	22	23	24	25	26	27	28	29	30	31						
Pierre Sigaud. . . .	o	1	½	o	1	1	o	o	o	o	1	o	1	1	o	1	1	o	1	o	o	o	o	1	1	1	1	o	o	o	o	11 jours.	à 1 f. 50 c.	16 f. 50 c.	10 f.	6 f. 50 c.	
Jean Bordère. . . .	o	o	1	1	1	o	o	1	1	1	1	o	o	o	o	o	o	o	o	o	o	1	1	o	1	o	1	o	o	o	o	10 ⅓	à 1	10 75	»	10 75	
Jacques Leclerc. . .	o	o	o	o	o	o	o	o	o	o	o	o	o	o	o	o	1	1	1	1	1	1	1	½	9 ½	à 1	9 50	3	6 50	

Page 68.

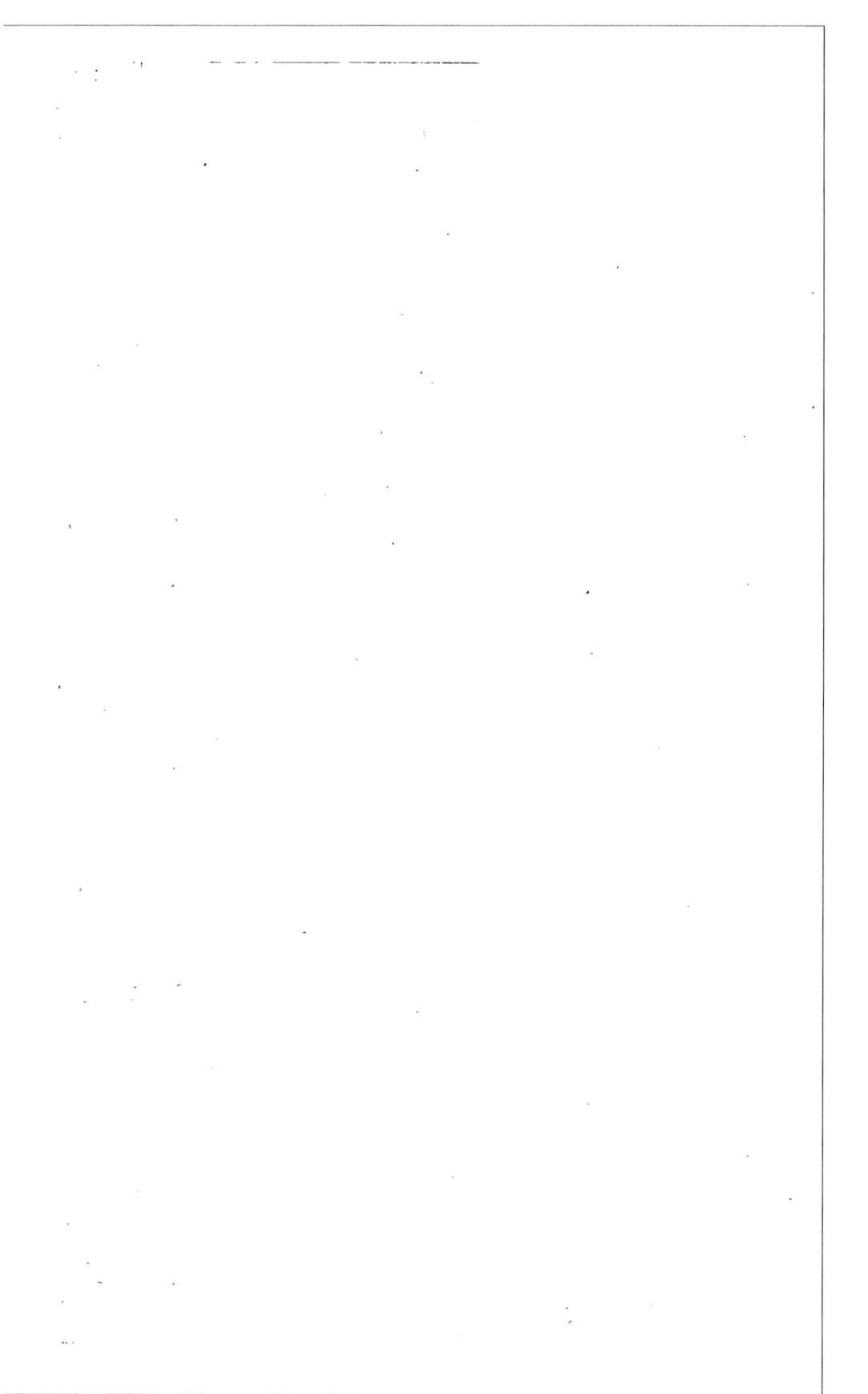

EXTRAIT

*Du rapport sur le concours pour un registre
à l'usage des cultivateurs ; lu à la séance
publique de la Société d'Agriculture du département de la Seine, le 25 avril 1813 (1).*

Un dernier mémoire, sous le N°. 4, porte
pour épigraphe : *L'économie est une seconde
Providence ; point d'économie sans ordre.* Ce
registre a le mérite d'une extrême simplicité :
l'auteur a bien conçu son plan ; il l'a adapté au
programme, dont il remplit presque toutes les
conditions. Je voudrois pouvoir lire ici, en entier, le mémoire, où l'auteur expose et déve-
loppe son plan avec autant de clarté que de pré-
cision : je dois me borner à une simple citation.

« Ce que la Société demande, dit l'auteur,
» cest un registre qui ne fasse pas seulement
» connoître au cultivateur ce qu'il a reçu et

(1) Commissaires, MM. *Morel de Vindé, Yvart, le*
baron *Petit de Beauverger,* le baron *de Chassiron,*
rapporteur.

» dépensé en bloc, ce qui lui reste à la fin de
» l'année, mais ce qu'il a reçu et dépensé pour
» chaque nature de produits, ce que lui coûte
» et lui vaut de bénéfice chaque mode de cul-
» ture, chaque genre d'amélioration ; un re-
» gistre qui lui fasse voir au premier coup
» d'œil, et par un simble relevé d'articles, le
» bénéfice comparatif de chaque année, qui
» soit combiné de manière à ce que les masses
» et les moindres détails se présentent, pour
» ainsi dire, d'eux-mêmes au cultivateur, qu'il
» conserve ainsi les traces de toutes choses ; un
» registre dont toutes les parties se servent mu-
» tuellement de contrôle, et montrent, à la pre-
» mière discordance, qu'il y a eu de la part des
» agens de la culture, négligence, gaspillage ou
» infidélité, ce qu'il en résulte de perte pour le
» cultivateur, à qui il doit s'en prendre ; un re-
» gistre, enfin, qui soit pour lui un recueil de
» faits et d'observations, où il trouve dans l'ex-
» périence du passé des secours pour l'avenir. »

Ce plan a paru bien conçu, bien tracé ; et ce
que l'auteur annonce dans son mémoire d'exposition, il l'exécute dans son registre et dans
les tableaux qui l'accompagnent. Si cet ouvrage
laisse encore à désirer quelques développemens
sur plusieurs articles, l'auteur peut facilement

y suppléer sans rien changer au plan de son travail.

A l'examen de ce registre, nous avons pensé qu'il étoit l'ouvrage d'un agriculteur - praticien, et en même temps d'un homme qui a fait de bonnes études. En ouvrant le billet, notre attente n'a pas été trompée : nous y avons vu inscrit le nom de M. *Henry Gabiou*, fils de M. *Gabiou*, membre de la Société, jeune homme qui, après d'exellentes études, s'est entièrement consacré à l'exploitation du domaine de la Plesse, canton de Palaizeau, département de Seine-et-Oise.

Ainsi, ce mémoire contient les recherches de deux générations consacrées à l'agriculture, et offre le spectacle intéressant d'un père qui, après avoir rempli une place importante dans la société, après avoir lui-même étudié ses champs, guide la jeunesse de son fils, et celui d'un jeune homme à qui sa position permet de grandes espérances; et qui se consacre tout entier à l'agriculture. Il est impossible à tout ami des champs de n'être pas touché d'un tel exemple; et c'est un bonheur pour moi de pouvoir en présenter le tableau.

La Société accorde à M. *Gabiou* fils, le prix pour le Concours du registre à l'usage du culti-

vateur : elle décide que le modèle qu'il a pré-
senté sera imprimé avec la notice d'exposition
qui le précède ; elle invite les agriculteurs à
faire usage de ce registre, et à lui communiquer leurs observations sur les moyens de
porter ce travail, déjà si utile, au point de
perfection dont il peut encore être susceptible.

www.ingramcontent.com/pod-product-compliance
Lightning Source LLC
Chambersburg PA
CBHW071239200326
41521CB00009B/1541